无论何时，我们还是会笑

[日] 渡边和子 / 著　黄鑫 / 译

天 地 出 版 社 | TIANDI PRESS

图书在版编目（CIP）数据

无论何时，我们还是会笑 /（日）渡边和子著；黄鑫译.—成都：天地出版社，2019.1
ISBN 978-7-5455-4153-3

Ⅰ.①无… Ⅱ.①渡… ②黄… Ⅲ.①人生哲学—通俗读物 Ⅳ.①B821—49

中国版本图书馆CIP数据核字（2018）第210478号

DONNATOKIDEMO HITO WA EGAO NI NARERU
Copyright © 2017 by Kazuko WATANABE , Asahigawasou
Photographs by Satoru SEKI
All rights reserved.
Original Japanese edition published by PHP Institute, Inc.
This Simplified Chinese edition published by arrangement with
PHP Institute, Inc., Tokyo in care of The English Agency(Japan) Ltd.
Tokyo Through Eric Yang Agency

著作权登记号 图字：21-2018-361

无论何时，我们还是会笑

WULUN HESHI，WOMEN HAISHI HUI XIAO

出 品 人	杨 政 高 路
著 者	[日]渡边和子
译 者	黄 鑫
责任编辑	杨永龙 安斯娜
插 图	SXS
装帧设计	尚燕平
责任印制	葛红梅

出版发行	天地出版社 （成都市槐树街2号 邮政编码：610014）
网 址	http://www.tiandiph.com http://www.天地出版社.com
电子邮箱	tiandicbs@vip.163.com
经 销	新华文轩出版传媒股份有限公司

印 刷	河北鹏润印刷有限公司
版 次	2019年1月第1版
印 次	2019年1月第1次印刷
成品尺寸	128mm×185mm 1/32
印 张	5
字 数	76千
定 价	42.00元
书 号	978-7-5455-4153-3

版权所有◆违者必究
咨询电话：（028）87734639（总编室）
购书热线：（010）67693207（市场部）

本版图书凡印刷、装订错误，可及时向我社发行部调换

序

我们可能会有这样的愿望:"希望孩子能如愿考上那所学校""希望病情能够早些好转""希望能顺利进入那家公司"等。但现实往往是,孩子可能没有考上那所想去的学校,病情可能也没有好转,最终你没能进入那家心仪的公司。

每当此时,我们往往会想,这个世界上真的有神仙或者佛祖来帮我们实现愿望吗?自己想要的东西,或是想找的东西,去想办法得到,这固然是非常重要的,但与此相应的,对于得不到的东西怀抱一种谦卑的"感恩之心"更加重要。

有时,我们非常迫切地想要得到一样东西,但最终一无所获,会感到灰心、气馁,或者没有找到想要的东西时,我们会感到失望,而这种灰心、气馁或失望,有着我们无法预估的价值。

正是因为这些无法预估的苦闷和痛苦所带来的价值,才使得人们不断地成长,并最终在某天会领悟到什么才是"真正重要的东西"和"必不可少的东西"。

备注

本书是在渡边和子女士离世前十天完成校阅的遗作。

目录

如何度过这仅有一次的人生

第一节
叫出对方的名字是一件很重要的事情 ···· 3

第二节
支撑着人们活下去的事物 ···· 9

第三节
延伸出各种可能性 ···· 13

第四节
如何度过这仅有一次的人生 ···· 17

第五节
能够给予勇气的药 ···· 23

第六节
在冬天思考的事情 ···· 27

第二章
成长过程中需要明白的道理

第一节
生活方式是自我的证明 ···· 33

第二节
努力做到言出必行 ···· 37

第三节
拥有超越痛苦的力量 ···· 41

第四节
因为生病而明白的事情 ···· 45

第五节
在无聊的时间里寻找价值 ···· 49

第六节
生活没有按照期许的那样进行时,该怎么办 ···· 53

带着希望去生活

| 第一节 |

边忧虑边顺其自然地活着 ···· 61

| 第二节 |

你真正需要的,其实并不多 ···· 67

| 第三节 |

你的声音,总会有人倾听 ···· 71

| 第四节 |

上天会把最适合的东西给我们 ···· 77

| 第五节 |

用"信仰的口袋"让内心宽容 ···· 79

| 第六节 |

把平凡的每一天都变成无可替代的日子 ···· 83

第四章

关于爱

第一节

坚强与悲悯的心 ···· 91

第二节

没有爱是最贫穷的 ···· 95

第三节

一个执着的信念 ···· 99

第四节

把生命放在重要的位置上 ···· 105

第五节

给予他们告别前的温柔 ···· 107

第六节

不是施舍（Charity），而是爱（Love）···· 111

第七节

做自己就好 ···· 115

活出美丽的秘诀

第一节
为什么有些人,让人很想去亲近 ···· 121

第二节
漂亮与美丽的界限 ···· 125

第三节
带着内心"神圣的地方"生活 ···· 129

第四节
不要随意踏入别人的"神圣的地方" ···· 133

第五节
说出鼓励别人的话 ···· 137

第六节
怀着"感恩的心"生活 ···· 141

第一章

如何度过这仅有一次的人生

第一节

叫出对方的名字是一件很重要的事情

贴心的举动让世界变得更美好

4

无论何时，

我们还是会笑

我曾经有过这样一个经历。

某天，我看到从对面走过来一位学生，于是我就打了个招呼："早上好啊，某某。"在这之前还一直面无表情的学生，脸色一下子明朗起来，带着难以言表的非常欣喜的表情也跟我打了个招呼。这种情况简直就像是，原本只是在走廊里行走的一个生命体，在别人叫出他的名字时，一瞬间变回了人类。

这也是我在与很多学生接触中，意识到记住对方的名字，以及叫出对方的名字那一瞬间的重要性。每当这个时候，我的脑海中总会浮现出我曾经的一位修女老师的身影。

那年，正是我进入四谷教会学校学习的第三个年头，当时第二次世界大战已经开始了。在周围只有日本人的环境下，学校迎来了法国校长的辞任，以及由此而来的一位年轻日本修女的就任。

这位经常跟学生一起开心地打乒乓球的修女，在就任官

第一章
如何度过
这仅有一次的人生

衔如此威严的校长时,她的母亲对她说:"你年纪这么小,而且现在还是处于战争时期,一定会很难做的。"所以这位修女在就任时也一直觉得"这一定是一件很难做到的事情"。

这里就不得不提起能帮助她完成这项重任的特殊技能了,那就是,她可以将学生的名字烂熟于心,甚至到了让人吃惊的程度,并且她在请别人帮忙或者答谢时,有一个特点,就是一定会叫出对方的名字,比如"某某,拜托你了"或"某某,谢谢你"。

关于这位修女,我还想起来一件事情,就是只要是别人给她写的信件,不管她有多忙,或者距离收到信件已经有些日子了,她也一定会亲自给对方写感谢信。记得我当时只是给她寄去了季节性的问候便笺,也同样收到她亲自写的回信,真是让我受宠若惊。

她的行为很渺小但很伟大,从此她树立了自己的威严,这让我懂得了一个道理,那就是,在细微之处向他人表示出贴心的举动,可以唤醒连他人自己都没有注意到的自身

存在的价值。

"叫出对方的名字"这样细微的贴心举动可以唤醒他人的自我意识，引发他人对活着这件事的欣喜之情。

在这个世界上有很多善良的人，他们会不断地诚实地告诉别人："你是很重要的。"正是由于他们的这种行为，给予了他人精神上的支持，让世界变得更美好。

第二节

支撑着人们活下去的事物

肯定自己的存在

"人活着,不是单靠食物。"

我第一次看到这句话,大概是六十年前的事情了。当时,在东京的新宿车站边上,有一位胡须茂盛、穿着有点儿邋遢的老人,他面前的桌子上横七竖八地堆满了《圣经》。

"人活着,不是单靠食物",这句话是真的吗?在如今的时代,大家不会再饿肚子,却依然有很多自杀的人,也许这些正好证明了这句话的真实性。

某天,有位学生来拜访我,他刚坐在椅子上,就迫不及待地掏出了一封信,递给我说:"请您看一下我写的信。"我打开这封信,看到里面用潦草的字体写了以下内容:

我每天只是吃饭,然后活着,根本没有任何成长,也没有觉得有什么事情对我来说很重要,所以我毫不关心自己什么时候会死。我是一个对金钱、时间和优渥的经济环境都毫无计划的废物。像我这样跟空壳一样,既不受任何外部环境影响,又很无聊的人,这世间应该是不

第一章
如何度过
这仅有一次的人生

存在的吧。

这位学生明明只有二十岁出头,却是一副四十岁的状态,毫无生气,面色暗沉。实际上,他的头脑很聪明,家庭背景也是比较优渥的。

我问他:"如果这个世界上,哪怕有一个人觉得你是很重要的人,那么你还会想死吗?"这位学生回答道:"要是那样的话,我不想死。"

"那么,我就是那个人,希望你不要去思考死这件事。如果你一定要死的话,在死之前请一定要先告诉我一声。"

这位学生虽然一直勉强地活着,但他并不幸福。

有时别人的话虽然能够治愈心灵或者鼓励到你,但是如果本人并不是真的发自内心地认可这件事的话,就不会有实际的改变。

究其原因是什么呢?是因为没有人可以一天二十四小

无论何时，

我们还是会笑

时一直对你说："你对我来说是很重要的人啊。""肯定自己的存在"这件事，就像是吃面包之外的让人活着的那件事情一样。

对生存失去了自信，即便是活着，也跟死了没什么区别，世间有这样消极想法的人实在太多了。

治疗心病的特效药，是发自内心地向对方表示出自己的友善。另外，当事人本人也一定要坚信自己是很重要的人，然后努力生存下去。

延伸出各种可能性

敢于接受不同

在犹太地区，流传着这样一个古老的谚语："不要羡慕别人有多聪明，要敢于成为一个与众不同的人。"

虽然这句话看起来很简单朴素，但是其中包含着难以言说的新鲜感，它能够使人们在努力经营日常生活时得到鼓励。也许正是因为这世间是如此的统一化，人们的个体价值只有在比较中才能够被发现。

确实，"比较"必须要在生活的基础上进行，正因为有这样的比较，大家才能清楚地知道自己所处的位置，并产生出旺盛的竞争心，去挑战自己能力的极限。

但是，这种比较就好像"觉悟"本身一样，不可能每个人都是一样的。如果仅仅用主观的眼睛看，从表面的优劣来进行判断的话，就会背离原本的教育目的，无法延伸出每个人的可能性。

在比较中，包含有益的东西和有害的东西。我们可以通过比较清楚自己的位置，挑战自己的极限，但是如果过

于计较,就会产生类似攀比的情绪。

教育的目的是实现每个人的自我可能性。但不能忘记作为个体存在的有差异的地方。

如何度过这仅有一次的人生

痛苦是上天的礼物

谢谢你给我的来信。

你说自己这种"不愿服输的性格"在某种意义上折磨着你,其实我自己也有这样的体会,所以能够理解你的心情。

你在刚刚进入高中时,就给我写了一封信诉说你的遭遇。你从小的梦想就是成为小学老师,但是由于心脏有疾病,不得不放弃自己的梦想,你感到非常遗憾。从那时起,你开始自暴自弃,医生禁止你做的事情,你偏偏要去做,任性使得你的病情更加恶化,你甚至考虑过要自杀。

性格变得悲观,这其中肯定有生病的原因,但是看到朋友们都在朝着自己的梦想一步一步地前进,而自己却不得不在中途转换方向,即便你自己很清楚这是"没有办法的事",但还是会觉得非常痛苦,不知道该如何是好。

后来,你进入大学后,发现当中学的老师不用考核体育项目,于是就想着当个中学老师也是个不错的选择,但此时你又出现了胰脏炎、胃炎、胆囊炎等并发症,当中学

第一章
如何度过这仅有一次的人生

老师的这个梦想也不得不放弃。这接二连三出现的不得不放弃梦想的打击,让你觉得自己是个人生的失败者,从此你的脸上也就失去了笑容。

我想你一定很痛苦吧,一直不得不体验这接二连三放弃的痛苦和看到其他人接近自己目标的喜悦。这让你觉得老天真是太不公平了。当然,这也是理所当然会产生的想法。

但是,你的伟大之处在于,当你体验到这些痛苦之后终于到达了你所写下的如下境界。

"今天的我好不容易走到现在,在人生的道路上一会儿向左转,一会儿向右转,真的是走过了一段复杂又危险的道路。但正是拜这些经历所赐,我对于人生这件事,很认真地进行了思考。我最近总是会产生这样的想法,难道是因为到目前为止,我都是在用很随意的态度去生活,所以老天为了督促我,就把病痛当作礼物送给了我?"

当你自己开始意识到"我可以通过自己的努力让自己

的生活变得丰富"时，说明你已经对自己的内心做了一番整理。事实也是这样的。你也许没有其他朋友那样的关于旅行的回忆，关于运动的回忆，关于联谊会的回忆，你也许只有关于医院的回忆和关于与病痛做斗争的痛苦的回忆。

但是，你的这些经历都是别人没有的，是只属于你自己的独有的回忆，当你意识到这一点时，当你与自己和解时，也就开拓了自己的人生道路。

有这样一句话，"如果今天的你感到负担很重，那是由你昨天不成熟的看法导致的"。正因为你经历了这些痛苦，所以你在二十岁的时候就理解了人生不是"游戏"，人生是"战斗"这个道理。

在二十岁就已经领悟到这个道理，虽然让人心生怜悯，但真的是一件很了不起的事。仅仅从这一点来看，就能让你今后的人生变得丰富多彩。

所谓人生，并不只是"活着"，而是自己意识到要"往

前走下去"。

正因为之前所受的苦,你才会开始认真地思考人生,才能够加深对人生意义的理解。

能够给予勇气的药

心与爱不可欠缺

无论何时，

我们还是会笑

战争刚刚爆发，就被任命为东京四谷教堂学校校长时，那位修女只有二十八岁。

"你这么小的岁数，就要负担起这么重的责任，真是太可怜了"，从修女妈妈的这句话里能够看出，在外国人，并且是前辈的后面继任校长的这位年轻修女，担任这份工作后将会十分辛苦。

每当有人问我尊敬的人是谁时，我都会不假思索地提起这位修女的名字。不是因为她这么年轻就担任校长，也不是因为她吃了很多苦，更不是因为她的头脑很聪明，而是因为身为她曾经的一位学生，不管是我在上学时还是毕业后，每次给她写季节问候信，她都一定会给我回信。虽然信里面没有很煽情的文字，却饱含着她纯真的爱。

某天，她在去教室给学生们上课的途中晕倒在走廊里，我得知消息后立刻前往东京去看望她。她的手已经不能自由移动了，她费力地拿出了一本点名册，对我说："这些学生今年本来应该是我去教的，不过，我会每天都为他们唱祝福的祈祷歌。"

她的这番话打动了我。就像每逢收到来信后就一定会给对方回信一样,这里面饱含着相同的诚心。

教育的根本,并不是让孩子知道科技有多么发达,也不是让孩子拥有多少丰富的知识。如果仅仅是靠科技和知识来教育孩子的话,比起在教室里教书的老师,拥有那些专业的教育机器、视听教材、百科全书恐怕就已经足够了。

但是,无论这些教育媒介做得有多么的先进和精巧,也有它们本身所不具备的、无法传达给孩子们的内容,那就是人类教育的基本——"爱"。

一张普通的明信片,对于收信人来说,收到的是邮费以外的、用金钱买不到的信息,那就是"你对于我来说,是很重要的人"的那种情感。

据新闻报道,特蕾莎修女在获得诺贝尔和平奖时,曾说过下面这段话,她不仅清楚地指出了医学领域的局限性,还指出了可以治愈人类心灵的方法:"当今世界上最严重的病,不是结核病,也不是麻风病,而是'感到自己在不在这个世界上都没什么差别'的精神层面的贫瘠和孤独。"

就算是花费数百亿元的巨额经费,聚集数不清的优秀人才,也一定研制不出的药物,就是可以治愈人类的心灵、给人类活下去的勇气的药,这个药就叫作"爱"。没有爱,教育就不复存在。

"心"与"爱"是教育中不可欠缺的东西。

从真诚的老师那里得到的爱,给予了孩子们生存的勇气。

在冬天思考的事情

努力生存下去

大概是由于我在北海道出生的关系吧,在二月这个一年中最寒冷的日子里,我很喜欢这种净化了一切的冬天的寒冷感。

同样是二月,在大雪把整个地面覆盖为纯白色的日子里,我的父亲因失血过多去世了,那是一个非常寒冷的早晨。

在不知不觉中,冬天对我来说渐渐变成最重要的季节。

而人生的冬天,并不是会在秋天之后就如约而至,也可能不只持续三个月的时间。有时它会持续很长的时间,而有时它会在短暂的几个小时内,就给身体和心灵带来巨大的、深刻的记忆,我自己就经历过很多种"人生的冬天"。

八木重吉(1898—1927,日本诗人)曾经创作过这样一首诗:

> 进入痛苦的最中心
> 痛苦就会逐渐消失
> 只剩下生存下去这件事

去看评论家关于痛苦的阐释，或是到处去寻找引起痛苦的本源，其实都可以说明本身还不是那么痛苦。如果真正进入痛苦的中心地带，就只剩下努力生存下去这件事了。当你意识到这一点时，痛苦早已在不知不觉中被抛到了脑后。

我们在写简历时，一定会被要求写学历和工作经历，但是比这些更重要的，难道不是无法用文字描述出的"痛苦经历"吗？即使学历和工作经历可能会跟其他人有一样的地方，但是"痛苦的经历"是个人专属的东西，因此在谈论某个人时，就会有更多可以讨论的东西。

无法用文字描述出的痛苦，这一桩桩、一件件，通过自身的努力去超越，将会成为个人永远无法被抹去的成绩。

比起学历或工作经历，更重要的是"痛苦的经历"。

迄今为止，我们超越的那些痛苦，当自己意识到的时候，就会成为我们宝贵的经验。

第二章

成长过程中需要明白的道理

生活方式是自我的证明

信仰不仅仅是一种仪式化的行为

1979年，特蕾莎修女在获得诺贝尔和平奖时，有人问她："在这个目前还没有脱贫的世界，如果成为像您这样的人，是否可以让世界和平？"特蕾莎修女回答道："我能够做的，仅仅是用无私的爱去包容日常小事。"

无论面对谁，特蕾莎修女都会将心比心，怀着一种"啊，确实是这样"的心情去对待。不论什么样的事情，都能引起她心灵上的共鸣，这不正是因为她自身经历了很多痛苦吗？这些经历并不是从别处借来的，而是她自己亲身经历过的。

用我自己的话来说，就是"信仰，不是一个人拥有的一种东西，而是一种生活方式"，它并不是简单地说出一些教义方面的话，例如"我是基督教徒"，或者"天主教是这样的，耶稣教是那样的"。

在十八岁时，我突然有了一种"一直以来我都听母亲的话，但现在我想反抗一下"的想法，于是我不顾母亲的强烈反对，毅然接受了洗礼。

第二章
成长过程中需要明白的道理

我接受完洗礼回家后,母亲非常生气,说:"我们的家族都是净土真宗('净土真宗'的意思是'净土教理的精髓'。具有日本特色的另一宗派),你这个孩子真不听话!"以至于她接下来三天都没有理我。

在那之后不久,有一天,母亲问我:"你是基督教徒吗?"这句话也正好表达了母亲的心情:"接受洗礼前的和子,与不顾母亲反对接受洗礼后归来的和子,我原本以为会有些不同。"母亲其实想说的是,忤逆了自己母亲的意思去接受了洗礼,却依然还是会膨胀、会闹别扭、嘴巴不甜、心地不善良、口出恶言的我,跟以前相比,一点儿也没有改变。

于是我开始思考这个问题。在日本,信仰基督教和天主教的人加在一起,可能还不到人口总数的百分之一,所以一定会有"作为基督教徒,就应该如此"这样片面的声音。我苦恼的地方是,像我母亲这样的与《圣经》毫无关系的人,到底对基督教有着怎样的看法呢?

我非常感谢母亲,感谢她给了我这样一个思考问题的机会。即使是现在,也依然会有人对我说:"你是修道者吗?"我很感谢他们的提问,因为我偶尔需要反思一下自己的信仰。

信仰,不是一个人拥有的一种东西,而是一种生活方式。

人们对修道者的看法到底是什么样的呢?我一边思考着这个问题,一边生活着。我想这个过程就是答案。

努力做到言出必行

用无私的爱去包裹每件小事

不论是天主教,还是净土真宗,正确的事情就是正确的。

我们应该像特蕾莎修女那样,对自己说出的话要积极去实现,凡事做到言出必行才是最重要的,而不只是说些好听的话,比如"我们是天主教徒,所以就必须要这么做"。

"您真的可以不论什么时候都能够履行自己说过的话吗?"有学生曾这样问过我。每当此时,我都会这样回答:"我当然也会有做不到的时候,无法真正履行自己说过的话的时候,但我会一直努力去实现,即便不能百分之百地完成。拥有想尽各种办法去努力实现的决心,才是最重要的。"

对于说出的话跟实际行动是否一致这件事,即便不是基督教徒,对我们来说也是一件很重要的事情。我认为,如果要努力做到言出必行,就要用无私的爱去包裹每件小事。

在日常生活中,我会比较注意去主动跟学生打招呼,比如我看到学生,就会主动跟他们说"早上好啊",这样的话,学生就会觉得"老师竟然主动跟我打招呼了",我

第二章
成长过程中
需要明白的道理

想，他们的心中应该会涌出一丝温暖的情感吧。有时候，我跟学生遇到了，即便彼此没有什么话可说，但在看到对方时，我也会试着说一句："最近休息得好吗？"然后再加上一句："今天你穿的袜子好可爱呀。"之后，我看到对方在当天交给我的感想文中，怀着很愉快的心情写下了这么一句话："我今天穿的袜子被老师夸奖了。"

现在的孩子，都想让自己在人群中显眼一些，比如在小学学校和中学学校中，总会有一些喜欢引起骚乱的孩子，他们引起骚乱很大一部分原因是想让别人跟他们说话，或者想让别人多注意到他们的心情。想被无私的爱所包围，这样这些孩子就会很开心、很满足。

还有我曾经用开玩笑的口气对学生说："我也曾有过受伤的经历呢，每当这个时候，我就会去御御堂，诉说自己的委屈，但是我至今也没有收到任何回应。"我的学生们就会露出开心的笑脸说："原来老师您心里也是很在乎被爱这件事啊。"

说出的话努力去践行，即便不能百分之百地完成。拥有想尽各种办法去努力实现的决心，才是重要的事情。

"用满满的爱将他拥抱，把他放在地上，让他自己学会走路。"正如这句谚语所说，用爱将学生紧紧地拥抱，但是也要让他们学会自己走路，爱的呵护和独立成长的转换是分明的。

第三节

拥有超越痛苦的力量

无论何时都不能忘记微笑

我从小就在母亲非常严厉的教育下长大，这其中也有一些事情想分享给大家。

母亲曾经教导我："如果你认为人生会按照你想象的那样进行的话，就大错特错了，无法按照自己的想法进行，这才是真实的人生。正如俗语所说，'艰难困苦，玉汝于成'。不经历痛苦，人是不会成长的。"

无论我在学校上学，还是在修道院工作，我都曾有过很痛苦的时候，但是母亲的这些教导，成为我战胜痛苦的强大力量。

我在五十多岁的时候，有将近两年的时间被抑郁症困扰着，那个时候非常痛苦，这期间虽然我很努力地完成学校的教书工作，但是经常会萌生出"我不配做这样的工作"之类的消极情绪。

我也曾有过这样的一段日子，有时在给学生讲课的过程中，会突然无法流利地说出话来。有时正在跟别人说着

第二章
成长过程中
需要明白的道理

话,不知不觉就睡着了。我甚至认真地思考过,对我来说,死亡是不是一个更好的选择。

如今,正是因为自己曾经历过那样的痛苦,现在健康的自己非常感谢那时的自己。在那段痛苦的时间里,与我关系很好的修女们曾经宽慰我:"你做了比一般人多好几倍的事情,所以你应该放轻松,趁这段时间好好休息一下。"她们对我的温柔体贴给我带来了莫大的安慰。

其实,比任何事情都要痛苦的,是无法微笑这件事。平时我们见面打招呼说"早上好""中午好"时都会微笑,并且心情是轻松愉悦的,但是如果连这样简单的打招呼都无法用轻松愉悦的心情表达时,就会很痛苦。

笑容是可以传播的。当你自己面带笑容的时候,对方看到后也会给我们回报以笑容,我们就会拥有一种被治愈了的心情。这就跟说"谢谢"是同样的心情,一句"感谢您的帮助"是可以帮助我们超越痛苦的巨大力量。

无论何时，

我们还是会笑

人生，不会按照你想象的那样进行下去，这就是现实。

不经历痛苦，人就不会成长。但是，无论何时都不能忘记用笑容面对，以及拥有"感谢您的帮助"的心情。

第四节

因为生病而明白的事情

把消极的东西变成积极的动力

我从来没有因为自己得过心理疾病而感到羞耻。人类是由身体和心灵构成的，就像身体会感冒一样，心灵偶尔也会得"感冒"。

虽然这不是什么值得骄傲的事情，但是如果没有得过心理疾病的话，也许我这一生都可能没有机会与相当于心灵医生的基督教相遇。事实上，我在患上抑郁症之后，似乎变得比以前更加温柔平和了，尤其是在面对需要帮助的人们时。

平时，我看到早上起不来床的修道者，或经常挂在嘴边说"好累"的年轻人，或者总是说自己"没有精神"的同龄人时，虽然嘴上没有说什么，但是我在心里还是会发出比较严厉的批评："他真是太懒了""也太没有志气了"等。我以前一直认为，不管是谁，都应该健康而充实地活着。

我曾拜读过"感谢摔倒"（相田光男著：《人间》，文化出版局出版）这首诗。

第二章
成长过程中
需要明白的道理

感谢摔倒

不断地摔倒,不断地跌倒,正因如此

开始更深入地去思考生活

感谢不断犯错和不断失败

才能一点一点地

用温暖的眼睛,慢慢发现

人们所做的事情

感谢生活的追赶

才开始了解并厌恶

身为人类的弱点

和懒惰

感谢欺骗,以及背叛

才开始明白了

傻傻的、正直的

亲切的人间的温暖

> 之后，
> 在每次遇到身边亲近人的死亡时
> 才切身体会到了
> 人类生命的脆弱
> 和生活在当下的尊严
> ……

摔倒、跌倒、被欺骗、遭到背叛，这些都是让人非常不开心的事情，也一定是我们不愿意遇到的，虽然我们无法阻挡它的到来，但是我们可以做的是，在面对这些消极因素时，将其中一部分转变成积极因素。

感谢人生路上的摔倒，使我更加能够体谅弱小的人。

正是生病的经历，让我想明白了很多的事情。我们要学会努力把消极的东西变成积极的动力，勇敢活下去。

第五节

在无聊的时间里寻找价值

放入爱

无论何时，
我们还是会笑

我对事情的领悟速度比较慢，但是一旦领悟到了，工作的效率就会提高。

母亲曾经说过这样一段话，让我至今无法忘记："和子啊，干活速度快并不是什么过人的能力。你工作的速度虽然很快，却很马虎。"说这样的话的母亲，虽然做事的速度也不慢，但是她缝制的东西从来都是整整齐齐的，包好的包袱皮也一定不会在中途散开。

这其中的原因，肯定有一部分是因为母亲长久以来积累下的做事经验，但我现在明白，比积累的经验更重要的是，母亲做事时，在里面饱含了自己的用心和爱。

童话故事中的小王子，找遍了地球上种植的数千枝玫瑰，也没有找到自己在星球上留下的那朵花。小狐狸对疑惑的小王子说："那是因为你从内心里觉得那朵玫瑰很重要，所以在它身上花费了很多时间。"

一边觉得很麻烦，一边又给它浇水、捉虫、帮它避风，

这些在劳作中花费的时间，使得小王子和玫瑰花在不知不觉中孕育出了爱。这些无法变为金钱的时间，无法得到直接利益的时间，被认为是浪费了的时间才会孕育出爱。

在这个效率第一、方便万能的世界上，等待的重要性恰好说明了花费时间的价值，也许这有可能会被认为脱离时代，但我们必须要了解等待的意义。

曾经，一位和尚对我说："焦躁，就证明你还不足以被信赖。"这句话戳到了我的痛处，但同时也改变了我以前那种自负的想法，让我愿意花时间等待。

因为，将爱融入进去的时间，并不是真正被浪费的时间。

做事速度快并不是什么过人的能力，真正过人的能力是我们在所花费的时间中是否饱含着爱，并孕育着爱。

第六节

生活没有按照期许的那样进行时，该怎么办

清楚自己作为普通人的局限性

爱德华·琳恩 (Edward Lean) 的书中写过这样一段话:"如果我们因为他人的行为或发生的事情,没有按照预期的那样进行就生气的话,在生气的那一瞬间,我们就失去了谦逊的心。"

我认为他想表达的意思应该是,想从他人的误解、不亲切、心眼儿坏等不友善的行为中解放出来,那种认为生活可以按照自己想象进行下去的想法,是一种忘记了自己作为人类的"身份"的行为。那本书是我在刚刚进入修道院时看的,当时恰逢我烦恼于人际关系,面对诸多不合理,正是在这种心中郁闷的情况下,引发了我去深入地思考。

我们在这个聚集了很多不完美的人类社会中生存,如果总是想着把自身不完美的东西都变成完美的,或者生活会按照自己的想象去进行,诸如此类的想法是错误的,这也是没有弄清楚自己的身份,把自己放在了错误的位置上。

《传道书》中有这样的记载:"天下万物都有自己的季节,所有的本领都有它的用途。出生有时间,死亡也有时间；耕种有时间，收获也有时间。"我们想要的东西，都是出现在正合适的时间里。

人在这个科学和技术日益精进的时代中，已经证明了可以窥探到人类生死的伟大性，然而人类精神真正伟大的地方在于能够知道我们自身的局限性。

正因为人生不是按照自己的想法去进行，我们才能清楚自己作为普通人自身的局限性，从而可以对他人变得宽容。

在聚集了不完美的人类社会里，人类不是神，所有的事情都按照自己的想法去进行是不可能的。

第三章

带着希望去生活

边忧虑边顺其自然地活着

一切都是命中注定

无论何时，
我们还是会笑

都说年纪越大，做事时越容易担心。

以前我还在上学的时候，当时已经年过六十岁的母亲，就算是晴空万里的日子，只要我出门，她就一定让我随身带把雨伞。若是需要乘坐交通工具，母亲也一定会提前出门，为赶车留出充足的时间。而且，母亲会在离目的地还有一站路的时候，就开始提前做好下车的准备。在过人行横道时，就算当时是绿灯，母亲也要等它变成红灯，然后再等下一个绿灯出现后才开始过马路。她认为只有这样，路灯才不会在中途又变成红灯。

这就是从一件事就能看出这个人做一万件事的习惯。可能是因为被母亲这样养大的原因吧，我对待事情也总是怀着小心翼翼的态度。也许是我自己对基督教的信仰不够坚定，虽然我知道《圣经》中有写着 "忧虑"这个词，我也明白田野中的百合花会给予空中飞鸟补给，神父会用心浇灌我们身体的每根毛发的道理，但是不知道为什么，从很早以前我就开始变得对万事万物都很容易产生担心的情

第三章
带着希望去生活

绪,我甚至有些迷信地认为,如果我提前去设想那些最坏的结果,那么我担心的事情就不会发生,或者即便发生也可以轻易地解决掉。

我有这种想法,可能是因为在事情发生之前,就已经想到了很多不好的情况,所以当这件事情真的发生时,我反而会觉得"啊,跟我原本想的一样",这样的话我就不会那么在意这件事了,而如果这件事情没有发生的话,我就会觉得没有自己原来想的那么严重,反而会有种"真是赚到了"的感觉。

虽然可能会有人说我的信仰不够坚定,但如果从基督教徒的角度来看的话,你会发现其实容易担心的人比那些从来不担心的人,更容易被信赖。因为容易担心的人会认真地思考各种可能性,会给人一种"我会认真地负责这件事,请不要担心"的安心感。

当别人请求我们帮忙时,我们一定是非常开心的,这是人之常情。但问题是,当我们在被请求帮忙时,哪些地

方需要去担心,哪些地方不要过于担心,以及如果我们拜托别人帮忙的话,一定要有这样的觉悟,就是对于帮忙的结果可以做到"不随便指手画脚,说三道四"。

"我为什么会犯这样的错误呢?明明很认真地动脑筋了。"我们可能会有这样的想法,但是在过了一段时间后,你就会发现"当时发生的事情全部都是符合当时的情况的"。世界上出现的事物、发生的事情都是上天安排好的。正因为"人类不可能猜透上天的意图",不管是心安也好,担心也好,人类就这样一边担心忧虑着,一边顺其自然地生活着,大概这就是一种矛盾的担忧之心吧。

这世上总有某种冥冥之中的力量在守护着我们。

很多时候我们会觉得,虽然那时感觉到很委屈,但过后就会庆幸"还好当时是那样的"。

当时发生的事情全部都是符合当时的情况的。一切都是命中注定。

第二节

你真正需要的,其实并不多

上天自有它的安排

无论何时，

我们还是会笑

某天，我收到了一封信，是一位毕业后到大公司上班的人寄来的。他询问了这样一件事："如果一直祈祷的话，我的祈祷就一定会被听到吗？我现在真的特别痛苦。"他在信中并没有写出自己痛苦的原因，所以我不清楚他是苦恼于人际关系，还是有了喜欢的人，或是痛苦于无法将自己的想法传达给别人。

"我认为如果持续祈祷的话，就一定可以。但是'被听到'并不代表你祈祷的事情就一定会'按照你所想的去实现'。"我一边写着这样的回信内容，一边开始思考"祈祷"到底是什么。

"如果我祈祷的事情，全部都实现了的话，会变成什么样子呢？""假如有神存在的话，就是为了实现人类的全部愿望吗？""如果两个人同时对一件事进行相反的祈祷的话，那么神会做出什么样的决定呢？""完全遵从人类意愿的神，就是真的'神'吗？""如果神是按照自己的喜好去决定的话，那么祈祷与不祈祷有什么区别呢？"

第三章
带着希望去生活

我的脑中不断涌出各种各样的疑问:"我们为什么要祈祷呢?""祈祷给谁听呢?"等。

的确,在世间流传着这样一句话:"去祈祷吧,这样就可能会给予;去搜寻吧,这样就可能会找到;去敲门吧,这样就有可能会打开。不论是谁,要的东西就能得到,搜寻的东西就会出现,敲门就会打开。"还有"会不会有这样的事情发生呢?孩子想要的是鱼,但是父亲给的却是蛇,明明祈祷要的是鸡蛋,被给予的却是蝎子。是不是有这样的人呢?即便是坏人,也知道要给自己孩子好的东西"。像这样,人们祈祷的东西被另外的东西所代替,也许并不是自己想要的,这种情况时有发生。

祈祷是件很重要的事情,但是"在祈祷前,要事先想清楚它的必要性"。我们一直希望得到祈祷时"想要的东西",但有时候我们"不想要的",或"没有想到的"才是对我们来说"最必要的东西"。

人们祈祷自己想要的东西,却往往忽略了对我们来说

必要的东西。

　　一直在祈祷却没有实现愿望的人,请试着去想"这种无法抑制的痛苦"对于你的人生来说,是不可或缺的。

第三节

你的声音，总会有人倾听

意识到上天的良苦用心

无论何时，

我们还是会笑

在纽约大学的康复训练研究所的墙壁上，有一位患者留下的诗。翻译出来大概是：

> 我想要成功
>
> 渴望强大的力量
>
> 现实中的我却如此弱小
>
> 正是这个原因
>
> 我反而会更加努力
>
> 我想要做更加伟大的事情
>
> 渴望健康的身体
>
> 现实中的我却遭遇了病痛的折磨
>
> 正是这个原因
>
> 我反而增加了突破自身局限的勇气
>
> 我想要变得幸福
>
> 渴望获得源源不断的财富
>
> 现实中的我却一贫如洗
>
> 正是这个原因
>
> 我反而更能体会身边人的悲苦

第三章
带着希望去生活

　　我想要得到周围人的赞赏

　　渴望获得成功

　　现实中的我却屡屡失败

　　正是这个原因

　　我反而变得更加谦逊

　　诉求的东西虽然一个也没有得到

　　但我还是收获了很多

　　仿佛有人听到了我的声音

　　就连心中没有说出的东西，也全部被实现了

　　我在所有的人中，得到了最多、最好的祝福

1990年的夏天，我去了美国的圣路易斯大街，在偶尔去的耶稣教会的修道院中我看到了这段话的原文，这是一位叫 J. 罗杰·露丝的人写下的。我想也许是因为他得了某种意想不到的病或受了很重的伤，自己想要的东西不仅没有得到，反而得到了很多痛苦，在克服了这些痛苦之后，最终达到了如此境界吧。

他在最后写的"诉求的东西虽然一个也没有得到,但我还是收获了很多",以及"就连心中没有说出的东西,也全部被实现了"这两句话引起了我的共鸣。

诉求的东西虽然一个也没有得到,却认为是全部都实现了的这种境界,正是我们需要努力达到的。

得到了不想要的东西,是生命里特别的安排,应该试着体会这样安排的用意。能够意识到这一点,就意味着已经超越了痛苦和悲伤。

上天会把最适合的东西给我们

拥有一颗谦虚的心

我很喜欢用"感谢你给我……"这类的句子，并且在日常会话中，我也会尽量使用这样的说辞。"接受别人给予的东西，并且很感谢对方"，用这样的心去祈祷的话，那么这个祈祷就一定会"到达"上天那里。所谓祈祷传达到了上天那里，并不一定会给予你希望实现的结果，而是会给予你在那个时候以及对你来说最"善意"的东西。

当我们祈祷的时候，我们希望所祈求的事情能够按照自己想要的去实现，同时，对于上天给予的"回应"，我们应该表示感谢，一定要怀着一颗感恩的心去对待，而不是"给我，给我"这样的索求。

"感谢您赐予的恩惠"，对于上天给予的每一样东西都用心去好好感谢。只有用"真心"去祈祷才是真正的祈祷。

相信命运的用心，把真心委托给它。

在被给予了想要的东西和并没有得到想要的东西时，要拥有一颗谦虚的心，这样才能在未来的某个时刻体会到为何当时被给予了这些东西。

第五节

用"信仰的口袋"让内心宽容

积极向上地生活

无论何时，

我们还是会笑

修道服上的那个大大的口袋，我把它叫作"信仰的口袋"，跟别人打招呼或者微笑的时候，即便没有得到对方的回应，也不会觉得受伤和生气，因为你的每次打招呼或微笑都能够传达到这个大大的口袋中。

我跟命运做了这样的约定，就是把对他人或世界的善意都暂时积攒在口袋中，这样就可以在最好的时候用在最适合的人身上。

我年轻的时候一直四处奔波，那时候的我经常会祈祷："如果爷爷奶奶因为感到很寂寞而心情不好的话，希望有人代替我去安慰他们、照顾他们，或者跟他们聊天。"为此，我会提前在"信仰的口袋"中积攒很多好的东西。

特蕾莎修女教给我们，要用笑容去展示尊严，要重视每一个人，即便是与自己讨厌的人相处时，也要让他看到你的笑脸，这个笑脸看起来是给跟我们打交道的那个人的，但其实这也是给上天的。在实际的人际交往中，如果能有这样的意识，就会出现意想不到的效果，你完全不会觉得

第三章
带着希望去生活

自己吃亏了。

正是因为我与命运有了这个约定,所以不管在什么时候我都会以笑脸相对。

我们要重视特蕾莎修女的教导,不要被不好的情绪左右,积极向上地生活。

第六节

把平凡的每一天都变成无可替代的日子

重视谦虚柔软的内心

无论何时，

我们还是会笑

一位十七岁的少女写下了《如果变成白菜》这首诗。

"咔嚓"一声切开的白菜

层层叠叠包裹的叶子

叶子中间没有缝隙

这棵白菜，一定

没有什么后悔的事情吧

我如果变成一棵白菜

也许叶子与叶子之间会有很大空隙吧

那里面包含的东西

有失败、不安、悲伤、绝望

在迷失自己的时候

即使一片叶子

也不会

留在我身上吧

那样的白菜

随便抓一下，就会扑哧一下稀巴烂

外表也是一塌糊涂

第三章
带着希望去生活

> 这棵白菜，一定是
>
> 一片一片
>
> 自己把自己养大的
>
> 只是一棵白菜
>
> 却是如此炫目

虽然这算不上是什么很厉害的诗，但是少女只是对着一棵白菜就能看得到"炫目"之处，换句话说，她可以被世间如此平凡的事物感动，这个年轻人的内心打动了我，使我不想失去对生活保有感动的那份心。

每一天难道不是平凡事情的延续吗？我有时会有"我到底是为了什么活着呢"这样的，不像是修道者该有的想法。人们在一生中，需要时间去思考活着的意义、我们到底是为了什么而生存。生命中既有时光飞驰无法抓住的时期，也有慢下来去探寻生命意义的时期。

在平凡的日常生活中，一些平凡的事情通过被赋予爱，就会变成无可替代的事情。像上面那首诗所说的那样，一

棵白菜的一片叶子就这样被孕育出来了。

对于常见的事物,也不要失去感动的心。

在没有什么特别事情发生的日常,在平淡的每一天中,也要重视保有一颗谦虚柔软的内心。

第四章

关于爱

第一节

坚强与悲悯的心

愿苦难变成生命的馈赠

无论何时，

我们还是会笑

我第一次见到特蕾莎修女，是在1981年她第一次来日本访问的时候。我当时听说特蕾莎修女在池袋的Sunshine 60大楼里做演讲，就立刻前往。我到达会场后，看到各路媒体云集，还有七百多名普通参会者。在大家的屏息等待中，特蕾莎修女穿着有点污渍的粗糙的莎丽（印度妇女披卷在身上的服装），上身套着灰色的对襟毛衣，她的身材有些矮小，背有点儿驼，她将两手合掌放在胸前，站在了演讲台上。

这次演讲的主题是"思考生命尊严的国际会议"，所以特蕾莎修女从婴儿的生命、流产堕胎会有很大的损害、适当的家庭成员计划是非常必要的等，《圣经》中的内容开始演讲。

在并不是基督教国家的日本，在大部分人并不是基督教信徒的听众面前，特蕾莎修女没有任何犹豫，简单直接地向大家解释着什么是爱，什么是对生命的尊重。看着演讲中的特蕾莎修女，可能不止一个人感受到的不是"温柔"，而是"严格"吧。

"人们对我开过这样的玩笑，因为您有家庭成员计划，所以您的孩子的数量每天都在无止境地增加。" 特蕾莎修女这样说道，那时也许别人看到的是带着开玩笑似的的笑容，但让我印象深刻的是，我看到了那个笑容背后透露出的是特蕾莎修女严厉的面容。

在特蕾莎修女来日本的前两个月，圣若望·保禄二世（罗马天主教第264任教宗）也来日本访问了，当时他的笑脸和亲切赢得了日本人民的喜爱，他给人的感觉总是很有生气、有跃动，让人感觉非常阳光。

而作为特蕾莎修女来说，她的日常生活中更多充斥的是死亡、病痛和贫困，以及"对活着已经不抱希望的人们"，正是因为她从早到晚看到的都是这些，所以她常怀着悲悯之心，也就无法在日常生活中轻易展现出笑脸。

修女笑容的背后不是"柔软"，而是"严格"。

关注死亡、病痛和贫困，以及"对活着已经不抱希望的人们"的特蕾莎修女，有着坚强、平静以及悲悯的心。

第二节

没有爱是最贫穷的

内在的富有

"这可以说是我的文化冲突（culture shock），日本给我的第一印象是非常美丽。"特蕾莎修女说"美丽"时，用的英文单词是"pretty"而不是"beautiful"。

"走在路上的行人们身穿的洋服，手里拿的东西都是美丽的，旁边的街道、建筑物也是美丽的，医院、房屋和路上跑着的车也是美丽的。"说着这些话的特蕾莎修女，脸上却是一副严肃的表情，"但是，如果在那样美丽的家中，没有夫妻间明确的分工，没有亲子间欢笑的时间或话题的话，那就比住在印度加尔各答的泥巴小屋里的家庭还要贫穷。"

特蕾莎修女在来演讲会场的路上看到的东京大概是道路很整洁，垃圾也没有被到处乱扔，风景都很美丽。而且那时池袋的Sunshine 60大楼刚刚建成，可能给她的印象也是非常雄伟的吧，也可能她看到了年轻人穿着时尚，令人目眩吧。但是，把"美丽"和"贫穷"对立起来看待的这件事，在我的内心引起了强烈的反响。

特蕾莎修女还说了这样的话："日本确实不是一个富

有的国家,我听说是有很多人因为无法养育出生的孩子,于是选择流产。但正确的方式是,不管发生什么事情,都应该把孩子生下来才对。"我想,她也许想说的是:"连一个孩子都不能养育的日本,真的可能富有吗?"当然,每个国家有自己国家的实际情况,所以她并没有责备的意思,她只是把自己的意见,从心出发,用语言传达出来了。当时我作为一个听众在用心倾听,她的这席话在我的心中留下了很深的印记。

不管住着多么美丽的房子,拿着多么漂亮的东西,没有爱的话就是贫乏。

特蕾莎修女把"美丽"和"贫乏"对立起来看待,这件事值得我们深思。

第三节

一个执着的信念

与自己的"笑容约定"

无论何时，

我们还是会笑

我第二次见到特蕾莎修女，是在1984年她第三次访问日本的时候。当时她结束了在原子弹爆炸地广岛县进行的和平演讲后，启程去冈山，而我被邀请去冈山担任她的陪同翻译。当天我去冈山站接她，到了车站后发现那里已经聚集了很多翘首以待的人。

特蕾莎修女大约在下午四点到达冈山站，跟她一起来的还有另一位修女，她们一起从车站的台阶上走下来，我看到她的身影后，就马上去台阶上迎接她（当时我五十多岁，所以行动还比较方便）。1910年出生的特蕾莎修女，比1927年出生的我要大十七岁，爬台阶对她来说是比较乏累的，可是她还是保持着微笑。实际上，她在任何时候都保持着微笑。

让我感动的是，只要有媒体的摄影师喊着："特蕾莎修女，请往这边看。"她就一定会转过头，保持着笑容，让发出声音的方向能看到自己的笑脸。

在那一天当中，特蕾莎修女乘坐新干线从东京到达广

第四章
关于爱

岛,在进行了很长时间的演讲后,又坐车来到冈山,她的身体一定是非常疲惫的了,但是只要听到有人叫她,她就一定会微笑着转过身去。

去听特蕾莎修女演讲的学生们对她说"请您收下这个"时,她也一定会满面笑容地接过来。这是她第三次访问日本,应该比第一次来日本时习惯了一些,但是因为一直被学生们围绕着,我想她的身体和精神都一定非常疲惫了。如果换作是我的话,可能会说出"好了好了"之类不耐烦的话,但是特蕾莎修女没有露出一点儿焦躁的表情,我觉得她是一位心中有大爱的人。

到了晚上,所有事情终于告一段落,我带领她去修道院吃饭的路上,有了这样的交谈。

我和特蕾莎修女两个人一起走着,我一边用手电筒照着路面,一边跟特蕾莎修女说:"从这边走最快。"那天是11月23日,正好是"感恩节"。

无论何时，
我们还是会笑

在黑暗又寒冷中，我们两个人一起走着。她说："我不管什么时候都微笑着，这样做的原因是我有一个坚定的信念，在我每次露出笑脸时，人世间就会有一个逝去的灵魂被带入天国。所以，不论什么时候，我都不会露出厌烦或焦躁的表情。"

"这是我与自己的一个约定。不管有多累、多疲惫，为了现在拍照的这些人，我都会真诚地展露笑容，而不是表面上的敷衍和迎合。"特蕾莎修女是这样考虑的。

"唉，我可真是个无情的人啊。"听到她的这番话后，我真的觉得很难为情。我以前连考虑都没考虑过这件事，只是单纯地想"特蕾莎修女的笑容真的很美好"或"可能她喜欢照相吧"。我进行了深刻的反思，并从中学到了很多经验。

从那以后，如果有学生说"修女，请看一下这边"时，就算是别人看不到的角度，我也一定会带着笑容。并且，我也会在心底默默地为那些逝去的灵魂祈祷。

也许有时你会突然觉得"到现在为止我已经给两百个人展现笑容了，真的已经忍不了了"，但是对于对方来说，你是他唯一的那个拍照对象。特蕾莎修女在重视每个个体的同时，把自己的笑容奉献给了需要的人。所以在听到别人叫她，"特蕾莎修女，请看这边"时，她没有丝毫怠慢。

无论何时，我们还是会笑。在特蕾莎修女的笑容中，饱含着爱与执着的信念。

不管多么疲惫，特蕾莎修女都会让别人看到自己的笑容，因为她坚信："只要露出笑容，就会有逝去的灵魂被召唤到天国。"

第四节

把生命放在重要的位置上

每个人都值得被爱

我陪同特蕾莎修女去了冈山教会旁边的儿童院,在那里她给大家做了演讲。那个会场并不大,但是人像流水一样不断地涌进来。除了在车站迎接她的人之外,还有很多其他人,慢慢地会场就被挤得水泄不通了。后来,工作人员临时在会场外面安放了一个显示器,让不能进入的人也能听到特蕾莎修女讲话。

这次演讲大约进行了一个小时,我站在特蕾莎修女的身边做翻译。特蕾莎修女的演讲内容通俗易懂,不管听众是不是基督教徒,她都请大家"要把生命放在重要的位置,把家庭放在重要的位置,把祈祷放在重要的位置",整个演讲过程完全没有使用晦涩的语言,因此我的翻译进行得也很顺利。

请把生命、家庭和祈祷放在重要的位置上。

来到冈山演讲的特蕾莎修女,对于不管是不是基督教徒的人都很热心地讲解。

第五节

给予他们告别前的温柔

生而平等

这是发生在演讲完毕后，提问回答环节的事情。当时，特蕾莎修女问道："有人有问题吗？"有一位男士举起了手，问了这样的问题："我非常尊敬您，但是有一件事我不明白，想请您解答。您救助的都是一些医疗条件不健全、医药品以及人员都不充足的地方，请问您为什么不把这些有限的药品或人员用在那些救助了之后会变好的人身上，而是用在即便去帮助也不一定有用的那些濒临死亡的人身上呢？"

在医疗业界有一个名词叫作"治疗类选法"（triage），它主要指在大规模的灾难或事故现场等，出现很多患者的时候，需要最大限度地调配有限的医生和药品，所以会根据紧急性或病情的严重性来决定患者的优先救治顺序，这个方法会使用红、黄、绿、黑颜色的纸条贴在患者的身上。

在分配医生或药品时，优先给那些被治愈概率高的人使用，这样的思维方式我也是接受的，所以我也很期待特蕾莎修女对这个问题的回答。

特蕾莎修女换了一副比较严肃的面容回答道："I

don't think so（我不这么认为），"她接着说，"被带到我这儿的人，对生活不抱任何希望的人有很多。有很多母亲没有钱做流产，或者找不到可以抚养他们的人，在生下来后被抛弃的孩子。在他们的成长过程中，经常被别人嫌弃碍事、不卫生、很臭等，没有地方住，居无定所。等待他们最后的结果就是生病，但即使濒临死亡，也没有人来给他们看病。所以我们把他们带回来，把这些等待死亡的人带到我的家里，给他们吃从来没有吃过的药，用至今为止未曾感受过的温柔去温暖他们。这样，在死亡来临的时候，几乎所有的人都会对我们说'Thank you（谢谢你）'，甚至有的人是带着笑容去世的。"

用爱去包裹那些没有被爱过就结束了一生的人。

出生后第一次接触到贵重药品和被细心看护的人，让我们看到的不是仇恨的语言，而是感谢的语言和笑容。

第六节

不是施舍（Charity），而是爱（Love）

把每个人都当作重要的人来对待

1952年,特蕾莎修女为那些没有钱去医院在路边流浪的人们成立了一个场所叫作"等待死亡的人们的家"。在那里,即便是没有救助希望的人,也会被用心地看护。这种看护超越了人种和宗教,是为了让所有人都能善始善终的一种精神上的抚慰。

特蕾莎修女的这种价值观,难道不是一种同情之心吗?她在演讲的时候,没有用到施舍(charity)这样的词语,用的是爱(love)。在日语中,看护的"看"字是由"手"和"眼"组成的,意思是把手伸过去支撑着病人、守护着病人。我一边在心里非常同意她的观点,一边把她的话翻译给大家。

被生下来的这个人,对谁来说都不是必要存在的这个人,在面临死亡的生命的最后,吃到了治疗的药物,并且得到了温暖的看护。

被邀请到特蕾莎小屋里的人们,不管是不是快要死亡,即使是在生命的最后一刻,我们也想让他们像正常人一样死亡,想让他们体会到正常人的感觉。我觉得特蕾莎修女

第四章
关于爱

应该是这样想的。

那位提问的男子像是认可了特蕾莎修女的回答,说:"非常感谢。"

在教会的演讲结束后,特蕾莎修女离开会场时说:"请帮我拿过来一个像箱子一样的台子。"我正在想她是要用来干什么呢,就看到她站在那个台子上,对着那些在外面通过大屏幕听她演讲的人说:"大家站在外面听我讲话,真是非常感谢。"然后就开始把会场中的演讲内容大概简化了一下,重新对外面的人演讲了一遍。她说:"你们虽然进入不了会场,但你们和在会场中的人一样,所有想听演讲的人都是一样重要的。"

"即使没有能够进入会场中,我也把你们当作演讲对象一样看待",特蕾莎修女是想传达自己的这种心情。对每个人都怀抱着关怀的情绪,这就是特蕾莎修女的做事风格。

在特蕾莎修女的心中,把每个人都当作重要的人来对

无论何时，

我们还是会笑

待，对人们怀抱着很浓厚的感情。

特蕾莎修女的所作所为，不是施舍（charity），而是对每一个人都倾注爱（love）。

做自己就好

传播爱

无论何时，

我们还是会笑

　　并不是什么时候都可以得到自己想要的东西，直到现在我还能看到眼前的人们各自为着什么事情而痛苦或悲伤着。我认为应该重视眼前人，不管有多忙，也不要仅仅是把做的事情单纯看作一种工作，而是"现在我在跟这个人说话，我是因为眼前的这个人存在的"，这样的话就可以努力去跟对方交流，当被问到什么事情的时候，尽量做到知无不言，言无不尽。

　　比如我曾经听幼儿园的老师们说："在孩子们快要毕业的时候，我们努力让孩子们带着一种被幼儿园爱着的心情毕业。"

　　不管我们的愿望是否能够实现；不管是生病还是健康；不管家庭是富裕还是贫穷；不管抚养的是不是自己的孩子，首先要带着"你做自己就可以"的爱去成长。

　　特蕾莎修女几乎从来不会直接使用"爱"这样的词语，实际上，我也不怎么喜欢用。虽然这是非常重要的词语，但是比起"我爱你"或者"I love you"，可能"你做自己就可以"这样的话语,更能够被对方接受。

不管什么样的孩子,要让他们心中都拥有"被爱着""被重视着"的心情去长大。

"被爱着"的记忆会变成自信,支撑着我们的人生。

第五章

活出美丽的秘诀

第一节

为什么有些人，让人很想去亲近

成为拥有"爱"和"宽容"的人

磁场这种东西虽然眼睛看不见，身体却是能感觉到的。在进入屋子的那一瞬间，就能感觉到自己是被欢迎的还是不被欢迎的。有时原本是一片祥和的氛围，当一个人加入后就变成有些凶险的氛围。磁场这个东西，可以说是无形的"人心"所酝酿出来的。每个人都带有自己独特的磁场，在大多数情况下，这就是那个人的价值观或生活态度中衍生出来的东西。

一位名叫约翰的英国罗马教皇的最高顾问曾写过一篇祈祷文，其中一句话是："不论我走到哪里，我都希望自己能够带给别人温暖的感觉，请让我实现这个愿望吧！"能够拥有受欢迎的磁场，并让周围的人感知到，该有多好啊！包裹着人们的爱与宽容的磁场，有着令人动容的力量。

特蕾莎修女每天都会歌唱纽曼的祝祷词。下面这件事是特蕾莎修女访问加尔各答，我们一起去弥撒时发生的。

窗户外街道上不断传来喧嚣刺耳的噪声，但是背对着墙壁，合掌做祈祷的特蕾莎修女的周边，却有一种不可被侵犯的寂静。这是一种自己过着非同常人的严格的修道生活，并将爱和微笑都送给人们，特别是给贫困的人送去怜悯的身心酝酿出来的磁场。就在那里，人性的芬芳浓郁地飘荡着，至今我还记忆犹新。

如果能够成为拥有"爱"和"宽容"的人，就会自发地散播出好的磁场。

所谓磁场，就是从每个人的价值观或生活态度中衍生出来的，虽然眼睛看不到，但身体却可以感受得到。

第二节

漂亮与美丽的界限

散发出内在的光辉

无论何时，

我们还是会笑

特蕾莎修女是一个非常美丽的人，不管看多少次都不会厌倦，她的内在总是熠熠生辉。

就像祈祷一样，人类的美丽也是由内而外衍生出的东西，随着年龄增长，就会出现只有那个年纪才会有的美丽。生活很辛苦时，脸上会生出皱纹，但在这皱纹中也藏着美丽。

有很多人努力化妆去掩饰皱纹，把鼻子垫高，把眼睛变成双眼皮，为了变漂亮一定会花不少钱，但结果往往适得其反，乍一看是挺漂亮的，但这种美丽持续不了太久。

"变漂亮会花很多钱，但是变美丽就不用花钱"，我这样跟学生说。

漂亮是通过年纪赋予在每个人身上的东西，为了变漂亮而去化妆，使用各式各样的化妆品，画上相同的眉毛，涂上相同的眼线，大家最终都会变成相同的面容。如果进入浴室后，或者被雨淋湿，妆容脱落后会变成什么样子呢？仅是洗一下就会变化的东西，不能称为美丽，即使下雨淋

湿后也不会发生变化的妆容，才是真正的美丽。

变漂亮需要花钱，但变美丽是不需要花钱的。

使用化妆品会变漂亮，但洗过之后就会变回原样。真正的美丽是经过年龄和经历衍生出来的内在的光辉。

第三节

带着内心"神圣的地方"生活

保护好心中那个可以疗伤的地方

无论何时，

我们还是会笑

在《小王子》一书中，有一段写到小王子在沙漠中寻找水源，他毫无目的地走着，突然发现月光下的沙漠非常美丽。小王子说："沙漠美丽是因为在某个地方隐藏着一口水井。"

人类也是一样，表面上看不到的"水井"隐藏在心灵的某处，人们就会变得美丽。但是，这跟内心中隐匿无法对别人言说的秘密是完全不同的。

每个人的内心深处都拥有一个可以称为"神圣的地方"的一个空间，它会跟随年龄一起成长。这里不允许其他任何人，包括家人、配偶、亲人或恋人进入。不管曾经被多么爱的人或信任的人背叛，都可以逃到这里疗伤，并重新站立起来。这是一个在喧嚣的人群中也可以感受孤独的地方，也是一个即便只有一个人也不会觉得寂寞的地方。

虽然无法具体说出它存在于哪个地方，但是每个人的一生都是孤独地出生，孤独地死亡，在这一生中，它是我们必须要有的一个"地方"。

沙漠美丽是因为在某个地方隐藏着"水井"。

要重视无法出现在表面的"水井"(或叫作"神圣的地方"),要保护好自己心中的那个可以疗伤的地方。

7 1 2 3 4 5 6
7 8 9 10 11 12 13
14 15 16 17 18 19 20
21 22 23 24 25 26 27
28 29 30 31

第四节

不要随意踏入别人的"神圣的地方"

我们无法完全理解他人

带着自己"神圣的地方"去交往,并不是意味着人们之间可以通过"神圣的地方"去了解彼此。人们之间,不管花费多少语言或时间去解释说明,即便是一起吃饭、睡觉,也是不可能完全相互理解的。

可以说,这就是一个人出生,然后一个人死亡的人类的宿命。如果没有领悟到这一点,硬是想去完全了解对方的话,就会出现失望和绝望。当你想着"那个人的任何事情我都能明白"的时候,就会出现非常大的错误。

理解人类这件事,看起来像是很矛盾的,但如果是在"我们是无法完全理解人类的"这一前提下进行的话是可能的。孤独的人们相互交流,尽可能地互相理解,当人们在为这件事而努力的时候,就会真正地互相爱着。

我们每个人都有着"不能传达性"(incommunicability),正是因为这样,对于"不能完全理解"的对方产生出了尊敬,对于"没有被完全理解"的自己产生出了骄傲。

第五章
活出美丽的秘诀

美丽的人,是与年纪一起成长的,自己带有的"神圣的地方"也会一起成长,同时,也要做一个能够体谅别人的人,做到不去随意踏足别人的"神圣的地方"。

为了能够真正地互相爱着,就不要想方设法地去完全了解对方。

所谓"理解人类",就是在"人类是不能完全被理解的"前提下,与对方交流,并尊重对方。

说出鼓励别人的话

常怀体贴、幽默之心

鼓励的话语出现在这个世界上,给予了很多人生存的勇气。即使是桀骜不驯的孩子、迷途的羔羊也要教给他们有价值的东西;即使是被石头投掷致死的有罪之女,也要对她温柔地说"我不会惩罚你,希望你不要再犯同样的错误了";对心中渴望被治愈但是说不出来的中风的病人,衷心地希望他能早日康复;对失去了唯一的儿子而丧失了生存勇气的人,默默地希望他的儿子可以重新活过来。

在我有限的生涯中,不知道有多少人只是看到了我,只是看到了我的微笑,或者我只是把手放在了他的肩膀上,就获得了勇气和力量。一位学生在毕业的时候对我说:"老师您可能已经不记得了吧。某天,我正在放空的时候,看到走廊下面有一只发呆的小狗,恰好您经过那里,就随口说了一句,'真是一只可爱的小狗啊'。也不知道为什么,您的这句话给了我很大的勇气。"他说的这件事我已经完全不记得了,没想到我无意中说出的一句话,能够给学生带来安慰。

无论何时，

我们还是会笑

我们每天都会说很多的话，这些话中总有一些是能够激励别人，让别人愉悦的。

即使是无意中说出的话，也可以让别人的心情变好。

你平时都说了哪些话？要记得常怀体贴、幽默之心。

第六节

怀着"感恩的心"生活

拼尽全力地去开花

无论何时，
我们还是会笑

　　自古以来，日本人就喜欢把花带入生活中，把自己的心托付给花，用花来治愈心灵。我自己也是一直梦想着过"像花一样的人生"。

　　幼儿的时候，我想要成为美丽的新娘。十几岁的时候，那时处在战争时期，我想的不是在每次空袭时都能够逃进防空洞中，而是能够吃饱饭。战争结束后，我的梦想是能够精彩地过完我的二十多岁。

　　不知道从什么时候开始，这个"花"的意思发生了变化。可能有一部分原因是我选择了修道院的生活，在不知不觉中，"像花一样的人生"对我来说，已经从精彩的人生变为怀着"感恩的心"。

　　即使不是那繁华的引人注目的花朵，只要能够健康地盛开的花朵就够打动我的内心。我的一位朋友送给我一首诗，是不是那个人自己创作的我不太清楚。

　　　　在命运把你放在的那个地方

第五章
活出美丽的秘诀

请开花吧

不要气馁

勇敢盛开

盛开吧

笑着幸福地活着

周围的人也会感到幸福

盛开吧

给周围的人,展现你的笑容

我是幸福的,这件事

展示给大家

"命运把我放在这里"

是很精彩的事情

我心怀感恩

去证明

你的全部

盛开吧

无论何时，我们还是会笑

> 对于他人的需求，去愉快地应对
> 即使是不想感恩的人
> 也不要用讨厌的面容或无聊的态度
> 去对待

那时的我正担任着管理职位，既年轻又承受着意想不到的沉重责任，虽然我嘴上没有说出来，但是心中总是想着："如果不做现在的工作的话，就不会被放在现在的位置上了。"

我们每个人都是一朵特殊的花，当然就会有小花，有大花，有很早就盛开的，有很晚才盛开的，在这个用各种各样的颜色装点的花店里，有的花被买走了，也有很多悄悄地在路边过完"像花一样的人生"的。

花的使命就是开花，只要是不与其他的花去竞争优劣，不管被放在哪里，自己开出的就是最美丽的花朵。也不是说完全不会"迷失"，有时会想着，如果在阳光照射很好的地方的话该有多好，如果在更少会受到风的地方的话该

第五章
活出美丽的秘诀

有多好，如果在更广阔的地方的话该有多好，即便是有这样的遗憾也是没关系的，但是一定不要因为这个被夺走了自己的初心，而度过不愉快的一生。我们要在被命运安放的地方，拿出全部的精力去努力盛开，这样就会在不知不觉中开出美丽的花朵。

所谓人类的使命就是自己微笑着生活，周围的人也会变得幸福。

只为了自己去开花的花朵，不管被放在什么地方，都能够拼尽全力地绽放开来。